古建筑里的中国智慧

中国智慧

李华东·著　吴聪·绘

以和为贵

童趣出版有限公司编　人民邮电出版社出版

北　京

图书在版编目（ＣＩＰ）数据

古建筑里的中国智慧 ：以和为贵 / 李华东著 ；吴
聪绘 ；童趣出版有限公司编. -- 北京 ：人民邮电出版
社，2023.12
ISBN 978-7-115-62770-4

Ⅰ．①古… Ⅱ．①李… ②吴… ③童… Ⅲ．①古建筑
—中国—少儿读物 Ⅳ．①TU-092.2

中国国家版本馆CIP数据核字(2023)第185765号

著　　　：李华东
绘　　　：吴　聪
责任编辑：李　瑶
执行编辑：晏一鸣
责任印制：赵幸荣
封面设计：田东明
排版制作：柒拾叁号

编　　　：童趣出版有限公司
出　　版：人民邮电出版社
地　　址：北京市丰台区成寿寺路11号邮电出版大厦（100164）
网　　址：www.childrenfun.com.cn

读者热线：010-81054177
经销电话：010-81054120

印　　刷：雅迪云印（天津）科技有限公司
开　　本：787×889 1/12
印　　张：7.3
字　　数：75千字
版　　次：2023年12月第1版　2024年8月第2次印刷
书　　号：ISBN 978-7-115-62770-4
定　　价：48.00元

李华东 |

博士（毕业于清华大学建筑学院）
长期从事建筑史及文化遗产保护研究
先后主持多项国家、部委研究课题

吴　聪 |

参与多部图书封面及插图的绘制
个人原创漫画签约动漫平台连载
曾担任成都市天府新区文创宣传项目美术设计

读懂古建筑
理解中国智慧

　　"'拐弯抹角'这个词，它本来的意思啊，是古建筑中的一种做法，指的是把街巷拐弯处房子的外墙倒一个角，这样更加方便人们通行，体现的是以公共利益为重的美德……"

　　听见没？这是小镇里一处老宅在给我们讲中国古代建筑的智慧呢！

　　古建筑能说话？是的。只不过呢，它们是用自己的一砖一瓦、一梁一柱、一个图案、一种做法来讲述……我们用耳朵是听不见的，只能用眼去观察，用心去领悟。

　　如果用心去学习，古建筑将教会我们怎样和山水森林一体共生，和虫鱼鸟兽和谐相处，和家人邻里相亲相爱，让自己内心平静安详。它们教我们如何抵御自然灾害，如何利用阳光和雨水，如何做到赏心悦目，如何享受诗情画意……它们能讲述的智慧和知识、技巧与方法实在丰富多彩，用一句话总结：它们将教会我们中国人最伟大的智慧，实现人与自然、人与他人、人与自己的和谐，从而实现社会的可持续发展。

　　在祖国辽阔的土地上，屹立着壮丽的宫殿、庄严的寺庙、悦目的园林、雅致的民居、优美的桥梁等古建筑。它们像一颗颗闪闪发亮的宝石，被大家喜爱和珍视。它们在全世界独树一帜，辉煌的成就让每一个中华儿女深感光荣。它们最重要的价值，是作为蕴藏中国智慧的重要宝库。我们不但要会欣赏它们美丽的外表，更要深刻理解它们所承载的让中华民族数千年生生不息的智慧，因为这事关我们的将来。

中华民族的伟大复兴，必然以文化的复兴为前提。而优秀的传统文化，是文化复兴的基础。传统文化除了记载在书籍中，流传在语言中，也在一处处古建筑上留下了烙印。这套书，就是努力尝试着通过理解古建筑，来给中华文化宝库开启一道小小的门缝。希望你能顺着这道门缝，打开这座宝库的大门，并且一直向前，探索其中无尽的宝藏。

前人的背影早已消逝在岁月的烟尘中，但默默矗立在大地上的那一座座古城、一处处古村、一栋栋老屋，仍然闪烁着他们智慧和精神的光辉。我们应该做的，就是延续他们的血脉、传承他们的智慧、发扬他们的精神，并且在这个基础上结合今天的实际，创造性转化、创新性发展，实现我们今天的文化成就，营造出有中国特色、中国风格、中国气派的中国人特有的家园，进而为中国式现代化、中华民族现代文明的建设，做出应有的贡献。

时代赋予我们的历史责任，就是要保护、传承并弘扬中华优秀传统文化，让中华民族的伟大复兴，凸显更宏伟、更长远、更深刻的意义。少年强，则中国强！青少年朋友们，不要在电子屏幕上浪费过多的时间，去山山水水中感受大自然的美丽，来森林田野中感悟生命的力量；闲暇时多去逛逛古城、古镇、古村，多看看那些饱经沧桑的古建筑，多多体悟我们中国人优良的气质和品格，在各行各业中，在日常的生活中，传承中国智慧，创造一个更美好的世界，然后守护它、享受它。

青少年朋友们，加油！未来将由你们来创造！

李华东

2023 年 10 月于北京

目录

目 录

第一部分

因『和』而伟大

"太和"智慧的结晶

中国古代建筑是伟大的建筑。

在源远流长的历史长河中，我们的祖先在辽阔美丽的土地上建起了无数雄伟的城市、壮丽的宫殿、庄严的庙宇、精巧的园林、活泼的民居、坚固的桥梁、蜿蜒的驿道……这些杰出的作品就像璀璨明亮的星辰，多得数不清，让一代又一代的中华儿女深深地感到自豪。那么，你有没有想过，中国古代建筑的伟大之处究竟是什么呢？

是独特吗？当然！作为世界古代三大建筑体系之一的中国古代建筑，独树一帜地以木结构为主流。是规模大吗？唐代的都城长安可是当时世界上规模最大的城市之一，万里长城放在今天也是极其宏大的工程。是壮丽吗？你可能一下就想到了北京故宫，在全世界现存的宫殿中，它的壮丽无与伦比。是设计巧妙吗？四川的都江堰，历经2000多年的风雨，到今天还发挥着巨大的作用。是艺术水平高超吗？山西芮城永乐宫里气势磅礴的巨幅壁画，放眼世界也是不可思议的杰作……这些都是中国古代建筑的伟大之处，但，这还不是全部。

不适用

中国古代建筑的闪光点多了去了，即使把上面的清单继续往下列啊列，也没办法全部总结出来。然而，中国古代建筑最伟大的地方，是为人类贡献了一种非常重要的智慧——了不起的中国传统营造智慧。这种智慧看不见、摸不着，但在过往的岁月里，它庇护着中华民族历经各种灾患仍然生生不息，在今后的岁月里，它还会对人类社会的可持续发展起到重要的作用。为什么这么说呢？

中国传统营造智慧，可以用"太和"这两个字来总结。

"太和"是一种努力促进人与自然相和谐、人与他人相和谐、人与自己相和谐的观念，也就是要"与天和，与人和，与己和"。这是中华文明的最高追求，也是中华文明与世界其他古代文明根本的区别。

> 你看，我国现存等级最高的古建筑——故宫的太和殿，就以"太和"来命名。

在中国古人的观念中，人要"与天和"，不能乱挖山、乱填河、乱砍树、乱抓小动物……因为大家明白，挑战大自然，大自然迟早会"回馈"的，而这种"回馈"是人类无法承受的。人要"与人和"，平时大家在一起和和气气地过日子，遇到难关要同舟共济，才能保得彼此

的生存。人还要"与己和"，懂得如何抚慰自己的心灵，坦然地面对生活，享受精神的满足。

这人哪，要和大自然、他人、自己都成为好朋友，有困难一起克服，有欢乐一起分享，这才是该有的理想生活。而"太和"智慧，就是实现这种理想生活的手段之一，大到一座城市的建设，小到一件家具的制作，都自觉或不自觉地渗透着这种智慧。神奇的是，古老的"太和"智慧，竟与今天人类社会对生态文明的追求高度一致。

只要你看看新闻，就会发现人类如今正面临着各种严峻的挑战：不可再生的煤炭、石油等资源越用越少，天气变得越来越热，北极、南极的冰川都在融化，极端天气的发生越来越频繁，塑料垃圾甚至漂到了太平洋深处……更可怕的是，世界上还有各种冲突和战乱正在夺去很多人的生命……如果不能改变这些状况，人类的生存环境只会越来越艰难，这是全人类目前面临的挑战，而且是越来越严峻的挑战。

建城市、盖房子、修道路、筑水坝……人类的这些建设活动，长期以来消耗着很多资源，产生着很多排放，制造着很多垃圾。在钢筋混凝土森林里生活的人们，人情味越来越淡，人际关系越来越紧张，精神世界产生着越来越多的问题……随着各种危机愈演愈烈，人们终于意识到：我们已到了必须学会怎样和大自然、他人、自己和谐共处的时候了，要不然就真来不及了。

曾经，人们为雨后春笋般崛起的城市而欢呼，为冬暖夏凉的空调而得意，为灯火通明的夜色而骄傲……但如今严重的环境问题，迫使人们开始努力发展绿色、生态建筑，思考如何能最大限度地节约资源、减少消耗和排放，保障人类的可持续发展。

就在人们为此绞尽脑汁的时候，回过头却惊奇地发现，中国古代建筑几千年来一直是这么做的，而且可以说是做到了古代世界的极致。

没错，人们在不断发展当代最先进的生态技术的同时，也把目光转向了中国——生生不息的中华文明，是真正意义上可持续发展的文明。在"太和"智慧指导下的中国古代建筑，就像一座充满了可持续发展智慧的大宝库，值得今天的我们认真保护、挖掘、传承、弘扬。

为什么这么说呢？复杂的理论不用讲，我们只聊一个简单的事实：世界上曾经有过很多古老的文明，比如古埃及文明、古印度文明、古巴比伦文明，它们也曾创造出非凡的文明成果，但最后都消失在历史的风沙中，只留下些斑驳的遗迹。而中华文明传承数千年不绝，历经无数的天灾、战祸，直至今日仍保持着旺盛的活力。

这个事实无言但有力地说明：中华文明是具有坚韧的可持续发展能力的文明。"太和"智慧，引领我们走出了迷雾般的过去，也必将带着我们去往更光明的未来。

与自然和谐共生

与天地、日月、山川在一起

"太和",首先是"与天和",也就是要与大自然和谐相处。

中国古代哲学家庄子说过:"天地与我并生,而万物与我为一。"这句话的意思是,人与自然本来就和谐一体、不分彼此,并不是互相对立的存在。中国古人从来没有妄想过要对抗自然、征服自然,而是以敬畏之心对待自然,想出巧妙的办法,充分利用自然规律、自然资源来满足生存发展的需要。经过他们日复一日、年复一年、一代又一代的实践探索,积累出丰富的与大自然和谐相处的"太和"智慧。

那么,到底怎样"与天和"呢?举个例子你就能见微知著了:南方山区常见的吊脚楼,为什么要"吊脚"呢?其实就是为了不挖山或者少挖山啊。

山是大地母亲的身体，树木是大地母亲的头发，怎么能随便破坏呢？于是人们就把房子悬挑，也就是"吊"出去，这样既获得了居住所需要的面积，又没有过多地改变自然地形。

为了保护好山水林田湖草沙乃至动物，古人一直反对"涸泽而渔，焚林而猎"的做法，在各处设立"禁示碑"，在碑上刻下禁止事项，告知民众共同遵守，若有违反必受惩罚。有趣的是，那些禁示碑上的内容包罗万象：禁止乱砍滥伐，禁止挖山取土，禁止倾倒垃圾，禁止随意捕猎……跟今天自然保护区的保护条例相差无几呢！

在这些与大自然和谐相处的做法背后，是古人对天地山河、日月星辰、万物生灵的尊重，他们常常把大自然的种种当作是和"人"一样的存在来对待，始终注意构建古代版的"人与自然生命共同体"。

以建筑礼敬自然

那么古人是怎么感知大自然的呢？他们把代表大自然的天、地、日、月等各种要素神化，塑造成和人一样各有性格的"自然神明"，而且设立天坛、地坛、日坛、月坛、社稷坛等规模宏大的祭祀建筑，按时举办隆重庄严的大典，进行虔诚的祭祀。这些祭祀建筑的布局和建造，

是历代都城营建中最关键的工程之一。

当然，在今天的人们看来，这些祭祀行为肯定不能起到改善环境、调节气候的实际作用，但在当时却承载着古人的美好愿望。

我们先从"天地"说起。祭"皇天"的场所一般建在历代都城的南郊，比如汉长安的明堂、唐长安的圜丘、明清北京的天坛。而祭"后土"的场所，在汉、隋、唐、北宋等朝代均设在山西的后土祠。南宋以后，"后土"被移出皇家祭祀体系，改祭"社稷"。

北京天坛始建于明代，是留存至今最完整的古代祭天场所。这是一处气势恢宏、占地极广的建筑群，它的面积甚至是故宫的近4倍！虽然它的占地面积大，但建筑却很少，大部分地方都栽植着苍松翠柏。走在天坛里面，涛声盈耳，满目苍翠，气氛凝重、深邃而又肃穆。

祈年殿、皇穹宇和圜丘坛这三大建筑，构成了天坛的核心。这三大建筑整齐地排布在中轴线上，由一条南北长约360米、东西宽约30米的"丹陛桥"连接起来。走在丹陛桥上，极目所见尽是如海松涛和无尽苍穹，仿佛已不在人间。整个天坛用建筑语言把古人对"天"的敬意表达得淋漓尽致。

"皇天后土"之外，山河湖海也是大自然的重要组成部分，古人也把山河湖海想象成能庇佑安宁的神明。可是中国的名山大川那么多，不可能都由国家来祭祀，所以就选出五岳、五镇、四海、四渎等作为

代表进行祭祀。

　　五岳信仰早已深入中国人的精神生活。古人在泰安设岱庙祭祀东岳泰山，在华阴设西岳庙祭祀西岳华山，在衡阳设南岳大庙祭祀南岳衡山，在曲阳设北岳庙祭祀北岳恒山。历代还设庙祭祀五镇、四渎等山川。最有趣的是四海，有种说法指的是东、南、西、北四海。东海和南海很好理解，人们在广州建南海神庙，在莱州建东海神庙。

　　　那西海和北海呢？我国的西部和北部明明是内陆呀，哪来的海呢？的确，这两个"海"的具体所指比较抽象，所以并没有专门的庙，而只是放在别的庙中合祭。

　　除了把天地日月、山河湖海想象成神明，建了天坛、地坛、后土祠、庙宇等"高等级"的祠庙，自然界的其他生灵呢？要知道，自然大家庭中的成员实在太多了，古人认为风雨雷电、飞禽走兽都有"灵性"，所以古代民间就出现了各种各样、大大小小的祠庙：祭水的水神庙，拜火的火神庙，求雨的龙王庙，拜山的山神庙，更有马王庙、牛王庙、蚕神庙、树神庙、海神庙……

最有趣的是，竟然还有专门为蝗虫设的庙！比如八蜡庙、虫王庙、刘猛将军庙等，就是为了希望蝗虫不要危害人间而建的。

在这些神明里，"土地"最值得拿出来说一说。中国古代以农立国，对土地格外重视，哪怕是再小的村落，土地庙也是必不可少的存在。与土地有关的神祇，不光有社神、后土娘娘这样的"国家级大神"，更有与万千百姓关系最密切的土地公、土地婆。

虽然土地公、土地婆广受敬仰，但因为他们在"神仙序列"中品级不高，所以土地庙往往比较低矮狭小。除了个别是煌煌大庙、庄严神祠，更多的土地庙只是在树下道旁用石块垒、泥土砌的小小神龛。但土地公、土地婆从不嫌弃，他们只是默默地恪尽职守，努力庇佑一方平安，保风调雨顺、五谷丰登。此外，他们还因为赏善罚恶、爱憎分明而在百姓心中有很高的地位，人们都说"公公十分公道，婆婆一片婆心"呢。

就这样，古人渐渐缔造出了一整套祭祀体系，让天、地、神、人在一起互相照看着过日子。虽然这并不符合科学认知，但的确曾在过去的漫长岁月里寄托了人们对美好生活的向往。

师法自然搞建设

　　这些质朴的"与天和"的祈愿，在中国古代建筑中体现得淋漓尽致。通过人工的建筑实现"天人合一"，是中国古代建筑的终极理想。"象天法地"就是实现这种理想的重要手法之一，力求模仿"天"来搞建设，以"天"的力量让自己的生活更加安康。当然，古人的"象天法地"并不只是对自然形态（比如星宿）的简单模仿，而是赋予它们博大精深的文化内涵，比如天体运转、时空变换等，体现了中国人对天、地、人之间的关系深刻而独到的认知。

　　"象天法地"作为内在的、深层的设计指导，对中国传统营造技艺产生了深刻而广泛的影响。无论是城市、宫殿、庙宇、园林、住宅的建造，还是器物的制作，都要与方向、节气、五行、星宿等呼应，形成了中国传统营造技艺的内在秩序。

　　中国古代的城市，尤其都城，都是在"象天法地"思维的指导下规划、建造的。唐长安城在宫城、皇城东西两侧各布置了十三坊，这是为了代表一年的十二个月和闰月；在皇城之南，排列着四排里坊，是为了象征一年四季。古代温州城的山水格局，为了模仿北斗九星（北斗七星加上左辅、右弼）的结构，还特意将城市选址在九座山峰的拱卫之处，使温州城成了一座"斗城"。

　　你发现了吗？"象天法地"的基本理念，能使城市形成独特的文化寓意和审美内涵。

　　古人追求"天人合一"，最大的"天"当然就是宇宙了。在中华传统文化观念中，人的身体、房屋、村镇、城市乃至国家，都是"微缩的宇宙"，都遵循同样的宇宙法则，只是规模不同而已。神秘莫测的宇宙难以想象，但房屋却是朝夕相处、可观可感的。所以，古人最初的宇宙观就是比照房屋的结构来建立的。

　　如果你去查查"宇""宙"这两个字的本义，就会发现，"宇"是屋檐，"宙"是栋梁。后来，在古人的宇宙观发展得相当成熟以后，又反过来以此对建设活动加以指导，力求在建筑中体现整个浩瀚宇宙的结构。

　　你知道北京故宫为什么叫"紫禁城"吗？有句话说："天上紫微垣，地上紫禁城。"紫禁城和紫微垣，一个地上一个天上，正好遥相对应呢。

　　我们都知道北极星，它位于星空中央且位置恒定，古人认为日月星辰都围绕着它旋转。在中华传统文化观念中，北极星是"帝星"，而北极星所在的紫微垣，那当然就是"天帝"的居所啦！天上以"天帝"

为中心，古代的人间以皇帝为中心，那皇帝的宫殿自然也要与紫微垣对应了。皇宫对普通人来说是禁地，因此又给它一个"禁"字，所以就叫"紫禁城"了。

不光是名字，紫禁城在整体布局上也模仿"天"的秩序：乾清宫东西两侧有日精、月华两门，象征日、月；东西六宫象征十二星辰，东西五所象征众星，就像宇宙中的群星围绕着北极星旋转一样，这些"星星"也拱卫着紫禁城的中心——太和殿；午门和太和门之间，有金水河蜿蜒穿过，就像是天上的银河……

独特的"时空一体"

你能想象得到吗？中国古人的"时间"，不仅仅是简单的、用来计时的几时几刻几分，还暗含着国家政治、百姓生活等丰富的内涵。

中华文明是农耕文明，要想从土地中有所收获，就得踩着恰当的"时间"播种、耕耘。孔子认为，不在正确的时间砍伐树木、宰杀家畜，是不道德的；孟子也强调，种地、捕鱼、砍树、养殖等要"不违农时"，才能有好的结果。所以中国人自古就对"天时"颇有研究，汉语中有大量用来描述或定义时间的词汇，而且中国人还有"二十四节气"这样伟大的发明。

古时候，历法的编制、时辰的确定，与天文观测密切相关。在钟表得到广泛运用之前，为了让百姓比较准确地知道时辰、安排生活，报时建筑应运而生。

最晚从唐代开始，都城乃至地方州县城市中，专门用于报时的建筑就已经得到了普及，比如谯楼、鼓角楼、漏刻、铜壶阁、更楼、授时楼等。这些建筑是帝王权力的象征之一，往往高大雄伟，是城市的显著地标。北京的鼓楼和钟楼，就是北京中轴线上的重要建筑。

现存的北京钟楼重建于清代乾隆十年（1745 年），为了防火，整座建筑全部采用砖石结构。在高大的台基之上，钟楼的屋顶高耸挺拔，整体显得庄重恢宏。而鼓楼在钟楼的正南面，建于明代永乐年间，敦实粗壮，和挺拔俊秀的钟楼相映成趣。当正点报时的时候，钟鼓齐鸣，声音响彻城内外。

时间和空间的关系，在今天仍然让物理学家们大伤脑筋。但中国古人很早就把诸如日月年岁、春夏秋冬等时间概念，与上下左右、东西南北等空间概念融合在一起，发展出独特的"时空一体"观念。"四方上下曰宇，往古来今曰宙"，是中国传统营造技艺的重要哲学基础之一。

中国古代建筑的整体布局、平面形状、房间数量、朝向方位等都要符合天体运行的时空规律。因为采用院落式布局，人们在各种过道、

庭院、厅堂、房间穿梭的过程中，会感受到不同时间和空间的节奏韵律。古人巧妙而精心地安排这种节奏韵律，以烘托皇权的威严、渲染仙佛的神圣、营造生活的情趣……这正是中国传统营造技艺的精髓和魅力所在。

说了这么多抽象的概念，举个简单的例子你就明白了。游览中国古典园林的时候，我们经常说"步移景异"，即人们在游赏路线的每一个点，在不同的时间、季节或天气中，看到的风景都是不同的。所以说，哪里能够看得过来呢？

扬州个园利用4组假山，构成了4个时间意象鲜明的景点，历来为世人所称道：春山区用破土而出的石笋，模拟春光明媚的春天；夏山区用植物茂盛的石峰，模拟浓荫覆地的夏天；秋山区用斑驳嶙峋的黄石，模拟秋意萧瑟的秋天；冬山区用惨淡如雪的宣石，模拟寒风凛冽的冬天。

"太和"的智慧，包含着"天人合一""象天法地""时空一体"等理念，听起来很复杂，但无非就是古人想要与自然和谐相处而做出的各种努力。

让建筑自然而然

中国人习惯与自然一体，时时刻刻需要亲近自然，不只是呼吸新鲜的空气、欣赏秀美的景色，还要与自然有精神上的密切交流。于是，一山一水、一草一木、四季变换、阴晴雨雪，都能投射出人们的情感。

所以，中国人绝不会把建筑和自然环境截然区分，而是会想方设法地将两者融为一体；即使在家中、在屋里，也要时刻保持与自然环境的充分交流，既养身，更养心。在浩如烟海的诗词歌赋中，描写自然景色的占了很大一部分，就与这样的文化特质有着密不可分的关系。

你有没有发现，中国古代建筑普遍对天井、庭院非常重视，因为这些空间是人与自然交流的关键，一定要保证光能进、风能进、雨能进。甚至连草原上的传统蒙古包，也要特别开一个叫作"套脑"的天窗，除了有空气流通和采光的作用，还能让人们随时感知外面的天气变化。更有趣的是，人们还在蒙古包中设置了几十根"乌尼杆"，当阳光从套脑射入，乌尼杆的影子会随着日头移动，就像一个天然的时钟，告诉人们大致的时间。

中国人对自然的敬爱是全方位的，反映在建筑中，就是对"宛若天开"的孜孜追求。前面反复提到，古人希望自己的房屋自然而然，就像是老天爷设计建造的那样。为此，屋顶要模仿雨水滴落的曲线，

梁柱要学习树木的构造，城市要体现出星空的形态……

　　除了常见的土、木、竹、石等这些看得见、摸得着的建筑材料，古代工匠甚至会巧妙地发挥自然规律的作用，把风、水、阳光甚至时间，都变成建筑的一部分，让大自然的力量也参与到建设中来，慢慢打磨出建筑最完美的状态。

　　北宋汴梁开宝寺塔的建造，就是这一理念的典型诠释。那是一座八边形木塔，共 13 层，据说高度达到近 120 米！在佛塔竣工的时候，人们发现塔身有些微的倾斜，非常不解。当时负责工程的"总工"、曾著有《木经》的北宋著名木工喻皓解释说，离塔不远的北边有条河，河水长年累月地冲刷，会使附近的地面下陷；再加上这里经常刮猛烈的西北风，为了让佛塔能够永久矗立，所以故意让塔朝着西北方向倾斜一定的角度。百年之后，塔在风力的作用下，自然会变得垂直。

你看！当时的工匠已经非常在意对自然力量的利用了。

因
和
而
伟
大

从自然中来，回自然中去

如何在不破坏自然的前提下充分借自然之"势"，中国人的知识和技巧可就太丰富了。

中国人自古以来就擅长使用天然材料，而且对材料的特性有深刻的把握。如果你走南闯北，见识过祖国各地不同形式的民居，就能深刻地意识到这一点。各地的人们都能够充分适应当地的气候条件，巧妙地发展出不同的建筑形态和工艺做法，来实现防灾、通风、保暖、防潮等需求，最大限度地改善自己的生活。这和现代依靠复杂机械、消耗过多能源的做法相比，无论是在人的

健康方面，还是在环保方面，都更符合生态文明的可持续发展要求。

我们现代人离不开空调，但是空调在带来便捷舒适的同时，也会产生大量碳排放，还让不少人得了"空调病"。你能想象在没有空调的地方，人们会怎么办吗？

青海玉树一带藏族同胞的大帐篷，是用牦牛毛编织而成的。当天气炎热干燥的时候，牦牛毛会干缩，毛与毛之间的空隙变大，就能起到通风的效果，使帐篷内部凉爽舒适。而在下雨的时候，牦牛毛则会遇水膨胀，把毛与毛之间的空隙堵住，雨水也就淋不到帐篷内部了。

想不到吧？牦牛毛竟然可以实现"全自动气候调节"，而且还不需要传感器、芯片之类的高科技，全都仰仗人们对牦牛毛特性的了解和利用！由此可见，简单的技术中也有大智慧，值得我们去学习和传承。

如果我们比较一下现代建筑材料和传统建筑材料，就会发现一种是不可再生的消耗和破坏，另一种则是可持续的生产和循环。近现代的建筑大部分采用钢筋、混凝土、玻璃、合成材料等人工材料来建造。这些建材生产的过程中会产生巨大的污染。开矿就要破坏山体、森林，

而且矿越挖越少，山林也越来越少；炼钢就得用煤炭，产生滚滚烟尘，人类的血液里甚至已经出现了微塑料颗粒……

我们再看中国传统的建筑材料，像最常用的木头、竹子、泥土、石块等，它们几乎都是大自然自己用阳光、空气、水、土"生产"出来的。树木从土地中生长出来，一边生长一边吸收二氧化碳，释放出氧气，同时让景色变得更加美好，鸟儿也有地方做窝……带给自然的，都是好处。

在常见建材之外，还有很多你意想不到的材料也能盖房子，比如海草、芦苇、兽皮、秸秆、稻草、蚌壳、珊瑚、火山石……在古代很难进行大规模运输的条件下，所谓"靠山用山，靠海用海"，身边出产什么就用什么，充分体现了尊重自然、因地制宜、因材施用的原则。让人惊叹的是，各地工匠能够充分发挥不同材料的特性，巧妙地把它们组织到建筑里，最后形成一个实用又美观的整体，聪明极了！

广东湛江一带的渔民，因为从外面购买、运输木材的费用很高，就用岛上盛产的珊瑚石来砌筑房屋。日积月累之下，形成了独特的珊瑚屋群落。珊瑚石有很多孔洞，让房屋可以透气吸潮。更特别的是，珊瑚石在盐分较多的海雨天风的侵蚀下，反而会产生一种自然的黏性，用得越久，墙壁越是坚固。

由此可见，中国人造房子用的木头、竹子、泥土、石块等大都是

大自然的直接产物，在生产的过程中不但不会对环境造成破坏，而且就算使用年代久了，要拆旧屋了，能用的材料也一定会继续使用。像梁、柱这些大料，把糟朽的部分锯掉，还能改成小料，用来装修、做家具。不能再用的木料、竹片、茅草，可以拿来烧饭、取暖；烧成的灰撒到土里，化作春泥更护花。拆下来的瓦片和砖头，能用的继续用，破碎了的可以用来填地基、铺地面，其他废砖弃瓦很快就会破碎、风化，重新回归自然，连痕迹都没有，哪里有什么建筑垃圾呢？

> 在日常的使用中，房屋修修补补就能维持活力，哪片瓦裂了就换哪片，哪根椽子朽了就换哪根，用不着动不动就拆了重建、大费周章。

中国古代建筑就像中国古人的一生，不会真正地占有一物、带走一物。万物不过都是"借来一用"，终将回归自然，就此循环往复，生生不息。

而如果要拆除一栋现代建筑，就不可避免地会产生堆积如山的建筑垃圾，不光占用场地，还会污染土壤。混凝土块可能需要几百年才

破碎、风化，玻璃甚至能在自然界中存在数百万年。

被逼无奈的人们，在今天不得不开始试图建造"全寿命周期绿色建筑"，也就是从生产、建造、使用，最后到废弃的"一生"，都符合生态要求的建筑。可是，我们中国人的房子，自古以来就是这样的啊。

天大，地大，人亦大

中国人很早就清楚地认识到，大自然的规律是不可挑战，也不必去挑战的。只要处理好自身需求和自然规律之间的关系，就能够保障生产、生活的平顺安康。

古时候为了晒庄稼、走路以及日常活动的方便，人们需要硬化一部分地面。然而古人也深知天地之间是有"呼吸"的，要保护这种"呼吸"的通畅，才能风调雨顺、多福少灾。所以古人在用石板、卵石、砖块铺地的时候，会注意在石板与石板、砖块与砖块之间留出缝隙。这么做的主观目的是保证天地间"呼吸"的畅通；客观上看则更是好处多多：让雨水能够渗入大地，让大地中的水汽能够蒸发到空中，让泥土中的种子能够长出地面、见到天日……用科学语言表述，就是维持了自然界的水循环。

然而今天，人们已经忘记了这些传统，自从发明了水泥，就喜欢到处用水泥来硬化大地：院子和道路要硬化，田埂要硬化，河床也要硬化……而且，硬化也做得非常彻底，不会留下一丝缝隙。

就这样，随着城市、乡村、工业区等大规模建设的出现，硬化了的土地的面积越来越大，大自然中的水循环也变得越来越困难。

也许，越来越频发的极端天气，成灾的暴雨、连日的干旱等，就是大自然因为呼吸不畅而发的脾气吧……

"太和"的智慧，就体现在这些看似不起眼儿的细节里，不乱挖山、不乱砍树、不乱填塘、不乱占地……聪明的古人是在深刻理解了自然和人之间的关系后，不停探寻着"自然资源"与"人的需求"之间的平衡。

正像老子所说的那样："天大，地大，人亦大。"人类和大自然是相依共生的伙伴，人不去伤害大自然，大自然也会让人过上好日子。就这样，中国人从"敬天""爱人"的态度出发，发展出了中国传统营造的哲理、形式、技艺、美学，把对自然环境的影响减少到了极致，可谓"生态可持续"的典范。

就拿"不占耕地"这一点来说吧，古人很少占用肥沃、平整、利于灌溉的土地来建设村落、房屋。他们一般会把村落建造在今天看来很不宜居的山坡上，有些地方还发展出了像吊脚楼这样"占天不占地"的建筑形式，以适应山地的地势。于是，大自然的资源条件，再加上人为的努力，共同营造出一幅幅人与自然和谐共存的美丽画面。

以四川福宝镇为代表的巴蜀山地村落，为了避开适合耕种的平坝良田，人们把小镇选址在狭窄的山脊之上。房屋沿着山脊层层布置，灵活多变的吊脚楼凌驾于陡峭的山体之上，形成一幅引人入胜的山水田园图。

而在平地更少的地方，人们就只能辛辛苦苦地在陡峭的山体上开垦出层层叠叠的梯田，再把村寨融入梯田之中。

红河哈尼梯田文化景观，是以哈尼族为代表的各族人民1300多年来辛勤地在大山上雕刻出来的奇观。远远望去，梯田规模宏大、壮丽无双，在梯田之中，散落着童话般的"蘑菇房"村寨。

　　"蘑菇房"之所以得名，是因为它的屋顶是由茅草搭成的，离远一些看，就像一朵朵漂亮的小蘑菇。不光好看，蘑菇房也非常好住，即使是寒气袭人的严冬，屋里也会温暖如春；而在烈日炎炎的夏天，屋里却又十分凉爽！

奇特的蘑菇房、巍峨的山峰、层叠的梯田、变幻的云海，共同构成了一幅中国人与天地融为一体的迷人图卷。红河哈尼梯田文化景观被列入《世界遗产名录》，真是实至名归！

巧用自然的力量

近年来，建筑学领域出现了一句很时髦的名言："形式追随自然。"你是不是觉得这句话看起来很像正确的废话？在更早些时候，这句话还是"形式追随功能"，意思是建筑为了实用，应该由功能来决定形式。而到了重视生态环境保护的今天，这句名言又被改为"形式追随自然"，意思是建筑要更好地融入自然环境。

可是，"形式追随自然"对中国人来说却是天经地义的。中国的建筑自古以来就遵循当地的自然气候、地形、材料等特点来建造，再加上"象天法地""天圆地方"等人文理念的指引，自然而然地就做到了建筑和自然环境、人文特色相融合。面对如今生态和人文环境的危机，人们逐渐认识到，中国人沿用了数千年的"形式追随自然"，是多么先进和可贵。

中国南方常年多雨、湿热，古村古镇的屋顶就采用绵延成片的形式。因为大面积的屋顶不但能覆盖房屋，还能使庭院、街巷免受日晒。

即使在炎热的夏季，有人活动的地方，大部分也能处在屋顶的阴凉之下。

那如果气候正好反过来呢？比如干旱少雨、夏热冬冷的新疆，采用的是平屋顶、厚土墙的"阿以旺"式民居，分别设有"冬室"和"夏室"。夏秋炎热的时候使用"夏室"，有大面积的窗，房前有很宽的外廊，庭院中引进渠水，种植花卉、果木，能够蔽日纳凉。而在冬季寒冷的时候，人们的主要活动则会挪到"冬室"中进行，冬室墙壁更厚、开窗更少，具备很好的保暖效果。

你能想象有一种美味——牡蛎，在古代竟然可以用于造桥吗？在过去没有水泥的时代，为了加固桥墩，聪明的中国古代工匠首创了"种蛎固基法"。他们特意在桥墩上养殖牡蛎，牡蛎自然分泌的胶汁能把石块胶结成牢固的"中流砥柱"！这种做法，开创了把生物学应用于桥梁工程的先例。

这就是古人"生长即建造"的智慧，通过有计划地种植或养殖，让生物最终自己长成人所需要的建筑物，比如城墙、凉亭，甚至桥梁！这种"道法自然"的建造方法，靠的就是中国古人对自然规律的洞察力和想象力。

古人疏通下水道，也是靠动物！在过去的安徽、福建等地，为了防止住宅中的下水道在长时间使用后被淤泥堵塞，古人往往会在下水道中饲养乌龟、螃蟹等动物。这些小动物钻来钻去，就相当于随时疏通下水道了。

　　除此之外，在一些南方民居中，还有一项很难得的"地下工程"——在水榭的地板下面安装陶制水管，流水通过时就能带走热量，夏天时室内就会非常凉爽了！这和当代的地暖构造如出一辙，只不过它是"地冷"哟。

　　中国古人从蒙昧和混沌中一路走来，渐渐触摸到与自然和谐相处的真谛。在这几千年里，他们逐渐发展出中国式的自然观，从顺应自然、尊重自然，到学会取之于自然、用之于自然，形成了朴素、独特、超前的生态思想。中国传统营造技艺在这些思想的指导下，千百年来以最小的环境代价，满足了人们适度的需求，养活了尽可能多的中国人，把中华文明一直延续到了今天。

敬畏自然，永续发展

　　大自然不仅需要我们的尊重，还需要我们的保护。中华传统文化观念认为，生命并无高低贵贱之分，大家都是祸福与共的"共同体"。在这种朴素的"共同体"观念的指导下，中国人不但积极保护生态环境，也会尽力保护各类物种，警惕无休止的掠夺式开发。唐代人甚至以法律的形式，建立了当时的"自然保护区"。

当然，人们为了生活，还是不得不砍伐树木、渔猎动物，但古人会给这些行为制定各种各样的约束，比如"莫食三月鲫""莫打三春鸟""不涸泽而渔，不焚林而猎"等。你可别小看这些"规矩"，放在今天，可都是很时髦的理念呢：保护生物多样性、保证资源的可持续利用、维护大自然的生态平衡……

让我们来看人与鱼和谐共处的有趣例子吧！在福建宁德浦源村，人们为了防止饮用水源被污染，想出了在村中溪流里放养鲤鱼的办法。鲤鱼在小溪里游得自由自在，就说明水质没问题。这些负责监测水质的鲤鱼"小哨兵"，就成了村里的重要成员。历代村民不但不捕、不食鲤鱼，还想了很多办法让它们快乐地生活，比如在沿溪建房的时候，要在房屋下面修建"L"形的下水道作为鱼窝，让鲤鱼可以安然地繁殖后代。如果遇到大洪水，村民会赶紧把鲤鱼捞起来养在自家水缸里，等洪水退去后再放回溪中。他们还会把死去的鱼儿郑重地安葬在"鱼冢"之中……就这样，人和鱼相互守护，迄今已度过了800多年的宁静岁月。

因为积极地追求"与天和"，所以中国古人不是不能，而是不会去破坏我们赖以生存的大自然。为此，我们发展出积极的生态思维，在生产、生活中采取有效的生态措施，千百年来有效地维持了生存需要与自然资源之间的平衡。

然而，现代技术的飞速发展，使得人类在大自然面前日益傲慢。

强大的挖掘机可以在一天之内铲平一座山，坚固的钢筋混凝土可以支撑起近千米高的摩天楼，先进的控温技术可以让我们无视窗外的热浪与寒潮……

可是，在这个过程中，大自然付出了巨大的代价，其后果最终只能由人类的后代来承受。

我们为什么不学习中国古代建筑的精髓呢？既享受了丰富多彩的生活，又不会给大自然带去太多负担。

我们绝不能忘记，我们只拥有一个地球，我们的子孙还要继续在这个唯一的家园中生活。我们怎么忍心给他们留下一个洪水滔滔、沙尘乱飞的环境呢？

是时候重新学习中国古人的智慧，认真地对待大自然了。

与他人和谐共存

人人和谐即是桃源

"太和"的另一个重要追求是"与人和",也就是人与人相和谐。中国传统城市、村镇、房屋甚至家具等的设计和建造,几乎都包含着实现"与人和"的努力。一个家庭如此,一个村落如此,一个区域如此,一个国家其实也是如此。如果这样的和谐能够推广到全世界,那就是今天的中国努力倡导构建的"人类命运共同体"。

中国古人也敬神,但这种"敬"并不是把自己踩到土里、恐惧万分的"敬畏",而是抱有平等姿态的"礼敬",或者干脆说,中国古人的"神"也是"人"。所以,为神而建的寺庙、道观,和人的住宅也没什么本质区别。中国古代建筑传承数千年,都将"以人为本"作为核心理念。这里所说的"人",包括了天底下的所有人:自己、家人、族人、邻人、陌生人、天下人……中国古人就以"和"为根本目的,

发展出系统的中国传统营造观念、技艺，形成了中国古代建筑文化与世界其他建筑文化相区别的重要特征。

人和万事兴

中国古代建筑中促进"与人和"的做法有很多，把人与人之间的伦理关系投射到空间布局中，就是其中之一。北方的四合院民居就在建筑中清晰地呈现出尊卑、长幼的伦理秩序。四合院沿一条明确的中轴线左右对称地布置主要房屋，分配不同的功能。中轴线上高大明亮而且朝南的正房，给父母居住；厢房像儿女一样拱卫着正房，给孩子们居住。规矩清楚明白，求的是"家和万事兴"。

有句古话说"与人方便，自己方便"，中国古代建筑很注重公共的利益。大家生活在一起，人际关系是非常重要的。家很重要，房子很重要，左邻右舍当然也很重要，都说"远亲不如近邻"，好的邻里关系能使生活更加幸福愉快。所以在过去，盖房子可不是自己一家的事，不能想怎么盖就怎么盖。古人会仔细考虑自己的房子对周围环境的影响，采取措施避免损害周围邻居和村镇的整体利益。所以，房子建成什么样，其实是由多种因素决定的，其中最重要的就是协调大家的需求，可不能自私自利、损人利己。

在狭窄的巷道中，各户人家的门往往不会对着开，"门不对门"既能避免各家的视线互相干扰，还能起到防止火灾串烧的作用。很多人家的门前还要内凹进去一些，既使自家的门户显得更宽阔，也在本来就局促狭小的巷道中给大家留出一个可以回旋的空间，体现出房屋主人"退后一步天地宽"的胸怀。有的人家还会在门口放上板凳或石块，让大家可以坐着说说话、聊聊天儿。

人们在做屋檐的时候，会尽量让房前、屋后檐口滴下的雨水，都落在自家的地上，不影响公用的地方；而侧面的屋顶如果高出邻居家屋顶的话，就要伸远些，把邻居的屋顶也盖上，以保证两家的外墙不会漏水……人们通过这些小细节，在邻里间营造出和谐的氛围。

有些地方建房时会有"借扇"的传统，这可不是借扇子来扇风，而是在建房时借用邻居家已经建成的墙作为自己家的墙，两家就只有一墙之隔，这样就不用重复建墙啦！

35

公共利益优先

　　虽然中国古代建筑以坡屋顶为主流，但在青藏高原、新疆戈壁、黄土高原等降水量较少、蒸发量较大的地区，因为不用特别考虑屋顶排水的问题，平屋顶就得到较为普遍的应用。人们利用平屋顶形成的室外平台来晒作物、草料，在炎热的夏天则在屋顶铺上凉席，摆上瓜果，纳凉聊天儿，凉凉爽爽地看着星空睡觉。人们非常喜爱这样的"屋顶花园"，甚至在建房的时候还会刻意扩大屋顶的面积，让家家户户的屋顶相连，形成一条贯通全村的空中巷道。

　　山地上的平顶房村落，比如云南彝族的土掌房村落，黄土高原上的窑洞群形成的"叠院"，你家屋顶就是我家院子。这些屋顶、院子彼此互连，上下相通，既增加了生产、生活的面积，也热络了全村人的感情，还形成了"屋顶可赛跑"的奇观。

　　南方炎热多雨地区的村镇，房子连片排布，各家各户的屋顶往往连成一片，屋檐就连成长长的檐廊，下雨天从村头走到村尾，也不必

长长的檐廊把每家每户连在一起了，看起来就像是一个大家庭呢！

打伞。远远望去显得优雅而壮观，形成鲜明的特色。

人们在檐廊下干活儿、做饭、看书、喝茶，当然也可以坐着发呆。檐廊下经常摆着摊，主人有一搭没一搭地做着生意，更重要的却是说说家长里短、世态冷暖，充满了人间的烟火气。浙江的西塘古镇、永嘉丽水街等，沿河设有千米廊棚，既为人们遮风挡雨，又能让邻里坐在廊棚下的美人靠上攀谈闲聊。宽大的出檐在为大家提供社交场所的同时，也延伸了自家的活动空间，公共利益与个人利益相得益彰。

古代村镇中大量的建筑都是为"公"的，也就是为大家所用的，比如祠堂、庙宇、戏台、凉亭、街巷、风雨桥、寨门、井亭、鼓楼坪、芦笙坪、坡场、过街楼、牌坊、堰坝、水井……村中地势最好、建造得最华美、占地面积最大的建筑，必然是祠堂、庙宇这些公屋。

甚至就连交通用的桥梁，也被精心营造成公共活动的场所。我们今天做什么都追求效率，桥梁通常只是单纯地承担交通功能。而古代的风雨桥、廊桥，还担负着重要的"社交使命"。人们会在桥面上盖一个能够遮阳避雨的"桥屋"，装上能让人舒服坐着的美人靠，有些地方甚至会在桥中间建座庙！

> 这样的桥能够让人们闲坐交谈、迎接宾客、举办节庆活动，一年到头都热热闹闹的。

这些举措看似平常，但却是"共同体"的重要黏合剂。如今乡村发展中的困难之一，就是"共同体"的逐渐消失，只剩下一户一户的人家，而没有了整体的村落。过去，侗族村寨里盖鼓楼，家家户户都得出木头、出力气。富裕些的人家出大木料，经济条件差些的出小木料，穷得连木头都拿不出来的，就出更多的劳动力，一个也不能少。佤族村寨里的木鼓是神圣的事物，做木鼓必须全村参与，大家一起去山里把做木鼓的大树拖回村寨的过程，本身就是个神圣的仪式。

古人就这样通过各种办法，紧密地形成古代版的"人类命运共同体"。一个村落是"共同体"，一个区域、一个国家也是"共同体"，都得为了整体的利益而奋斗，这是中华民族能够历经各种天灾人祸而繁衍至今的重要原因之一。

积善之家，必有余庆

我们都知道"人之初，性本善"这句话。就算在科技水平落后、生产力低下、常常挣扎着过日子的年代，中国古人也讲究"为善最乐"。

同一座村落里，有人家境贫寒，也有人会遇到"一分钱难倒英雄汉"的窘迫时刻，需要救穷、救急。为此，很多村落都建立了义会、义社等组织，并设立义田、义庄、义仓、平价堂、普济堂等，提供发放救济粮、出资读书、扶弱解困、助婚济丧、施医舍药等"慈善服务"。

更值得学习的是，古时候做慈善的最高境界，是要细腻地照顾他人的自尊心，尽量润物无声地"帮助"，避免居高临下地"施舍"。山西的富商常家、李家等在救济灾民时，从来都不是直接施舍钱财、食物，而是巧妙地利用招募工匠修房子的名义"搞慈善"。

历史上曾有一年大灾，山西著名的常家庄园反而要在这时开工修建豪华的戏楼。他们广招饥民来干活儿，饥民们只要付出劳动，就能获得食物。你说，是不是又有饭吃，又有面子？

中国人乐善好施的传统既体现在门楣上的匾额、祠堂中的功德碑、村口的牌坊等建筑及其装饰上，也体现在长辈的谆谆教导、家规的清晰条文、乡约的具体措施中。"积善之家，必有余庆"的中华传统文化观念，直至今天也仍然流淌在中国人的基因里、血液中。

在"与人和"的观念下，中国人认为天下的万物，包括"别人"在内，都应该被体贴照顾。就算在资源有限的情况下，在遇到危急的时刻，也不应该想着消灭别人、自己生存，而应该团结起来，共同努力渡过难关。

中国古代建筑中促进人与人和谐相处的手法难以一一列举。但从这些例子中，我们可以看出中国人共同的追求：让大家和谐共存，你好、我好、大家好，就像桃花源里的"黄发垂髫，并怡然自乐"那样。

这不只是抽象的理想，而是实实在在地落到了一处处街巷的转折、一堵堵墙面的退让中。这种对"与人和"的追求，在今天更是一种宝贵的精神财富。如果大多数人都只为自己、自私自利，那么就算物产再丰富、环境再美丽，也很难过上理想的生活。让家园更美好，是我们每个人的权利，也是责任，在这方面，中国古代建筑可以教给我们很多。

与心灵和谐相处

　　"太和"还有一层重要的内涵，就是与自己和谐相处。

　　从某种意义上来说，比起实用的物理功能，中国古代建筑更在意的是对人的精神和心灵的滋养，促进人自身的和谐。所以中国古代建筑把更多的财力、物力、精力、注意力都投向了那些能够满足心灵需求的建筑，比如祭祀天地日月的坛庙、供奉祖先圣贤的祠堂、礼敬佛道神仙的寺观、读书求学的书院、游山玩水的亭阁、陶冶情操的园林……就算是住宅之中，也要力求以各种讲究、各种装饰来滋养人的心灵。可以说，中国古代建筑最大的特色之一，就是它们不但是实用的、能遮风避雨的容身之所，更是能够安放心灵的家园。

　　无论是一般人家的茅舍草屋，还是豪门大户的煌煌巨宅，中国传统民居尤其是汉族民居的中心，一定是厅堂。有的人家还会专门给厅堂取个名字，也就是"堂号"，比如"承志堂""一诺堂""敬慎堂"等。堂号高悬在厅堂之上，或昭示家族的来历，或体现主人的道德追求，或彰显祖先的丰功伟绩。如果你看到"爱莲堂"，那么这很有可能是周家，以周敦颐的《爱莲说》来教导后世子孙，要有莲那样"出淤泥而不染"的高尚品格。

　　家庭是一个人的立身之本，没有家哪有"我"呢？中华民族堪称这个世界上家庭观念最重的民族之一，反映在建筑上，就是以家庭为基本单位来组织宅院、村落、城镇，最终形成国家。中国人追求"几世同堂"的天伦之乐，一大家子会想方设法住在一起，所以催生了无数的大院、庄园、氏族村落、大型围屋等居住形态。

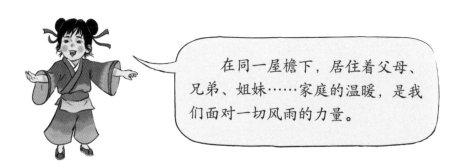

在同一屋檐下，居住着父母、兄弟、姐妹……家庭的温暖，是我们面对一切风雨的力量。

　　在黄土高原上有一种很特别的"大院"——从地面上看不到房屋的"地坑院"。人们利用这里干旱少雨、黄土层厚实的特点，先挖开黄土，形成一个地下庭院，然后在四周开掘窑洞，一大家子就住在"坑"里。地坑院因此被称作"地下四合院"，一个大家庭在这里几世同堂，老人含饴弄孙，年轻人勤勉耕耘，鸡犬之声相闻，欢歌笑语相随。一家人共用一眼水井，合用一处厨窑，父慈子孝、兄友弟恭，构成一个和谐相处、充满温情的大家庭。

比起物质环境，传统的中国人更注重从精神世界中获得幸福感，所以会竭力赋予生活环境以丰富的文化内涵，要求建筑能陶冶人的情操，教化人的品行，愉悦人的心情。

中国古人喜欢用竹子来建房子、做家具，不光因为竹子实用，还因为竹子有竹节，象征着"气节"。竹和梅、兰、菊一起，被赋予了"四君子"的文化身份，得到了文人的普遍喜爱，苏东坡甚至感慨地说："宁可食无肉，不可居无竹。"

从以上挂一漏万的例子中可以清晰地看出，中国古人在营造自己的生活环境的时候，把大量的精力和资源放在追求精神的满足上。一山一水，都被赋予了美好的寄托；一砖一瓦，都有着文化的讲究。我们应该努力从优秀的中国传统营造技艺中汲取智慧并发扬光大，一起建设能让心灵诗意栖居的家园。

与天下和而不同

海纳百川，有容乃大

"太和"还包含着与其他文明和谐共处的智慧。

你可能会想，中华文明和其他文明有很大的差别，要怎样要跟它们"和"呢？正如孔子强调过的那样："君子和而不同。""和"的主要目标就是要协调各种"不同"，从而达到新的和谐统一，使各种不同的文化都能得到新的发展、取得新的成果。

中国古代建筑的发展，本身就是吸收各种外来养分、不断丰富和壮大自己的过程。这是一种"博采众长，为我所用"的智慧。我们之所以能这样兼收并蓄，很大程度上是因为文化自信。只有在坚定的文化自信之上，才能始终坚持自身的文化内核、结构体系和艺术风格，而不会因为外来文化造成颠覆性的改变。

中国古代建筑并不是一成不变的，各地、各民族的建筑在各自发

展的同时，也在不断地互相交流、互相借鉴、互相促进。中国古代建筑的每一个高峰，比如汉代木构建筑体系的定型、唐代建筑的灿烂辉煌、元明之际建筑风格的转折，都发生在民族大融合和对外交流蓬勃发展的时期。作为主流的中国古代木构建筑体系，不断地纳入外来文化元素的涓涓细流，最终澎湃成一条奔流不息的大河。

佛教从古印度传入中国，很快就与中国传统的儒学、道家思想相融合而转化成了"中国佛教"，进而向东传播，极大地影响了日本和朝鲜半岛的文化进程。佛教的传入，增加了中国古代建筑的类型（比如寺庙、佛塔、石窟寺等），创造了一些新的手法（比如须弥座式的台基），丰富了建筑的装饰（比如各种佛教装饰纹样），但这些都只是对中国古代建筑局部的丰富和提升，并不曾根本性地冲击我们原有的建筑观念、形式和技艺。

目前，在全国重点文物保护单位中，有很多与佛教相关的遗存。湖光山色之间的佛寺塔影，是东方大地风景的一大特色。

再讲细一点儿，有趣的例子也很多，比如在很长时期内，中国人习惯席地而坐，直到南北朝时期，才开始逐渐接受像胡人一样垂足坐在凳子、椅子上的习惯。家具发生了变化，建筑空间的大小、高度以及结构，都跟着发生变化。再比如高等级建筑或塑像常用的"须弥座"，是随着佛教传入中国后被中国工匠加工改善而成的。还有，琉璃制作技艺本来起源于西亚，传入中国后，被中国工匠进行了工艺优化，降低了成本，开始在佛寺、宫殿等建筑中广泛运用。到了南宋时期，中国先进的琉璃技术开始向西域、中亚、西亚传播，反过来促进了西亚一带琉璃制作技艺的进步。

到了清代后期，中国与外部世界的交流逐渐增多，中国古代建筑也吸收了一些来自欧洲的元素，比如花纹、拱券、柱头等。这些元素与中国本土的传统相融合，造就了一批"中西合璧"的优秀建筑，尤其像上海、武汉、天津、哈尔滨等城市，至今还留存了不少建筑精品，大大丰富了中国近现代建筑史的内容。

除了地理位置得天独厚的沿海、沿江城市，在一些边远的村镇中，也有主动吸收西方建筑元素的民居，比如著名的开平碉楼。这些碉楼把居住和防御功能结合在一起，既实用又安全。为了突出每座楼的特色，人们给碉楼加上了各种装饰：古希腊的柱廊、古罗马的穹顶、哥特式的尖拱、巴洛克的线条……简直千楼千面、引人入胜！因为蕴藏

了特殊的历史文化价值，开平碉楼与村落在 2007 年被列入了《世界遗产名录》。

中华文明的特质是温和的、包容的、尊重"和而不同"的。我们会不断地吸收外来文化的优秀部分，充实和提升自己，让自己变得更加优秀、更加自信。

漂洋过海的古建筑

除了积极吸收优秀的外来文化元素，与其他文明相融合，我们优秀的营造智慧也对其他国家和地区的建筑文化产生过很大的影响。

因为山川相连、来往便利，朝鲜半岛自石器时代起，就与华夏大地有着密切的文化联系。南北朝时期，以中国佛教的传入为契机，朝鲜半岛的建筑体系基本上成熟了。此后，朝鲜的统一新罗时代全面吸收了盛唐文化，高丽王朝深受宋代文化影响，明清时期朝鲜王朝与我国的来往更为密切。可以说，朝鲜半岛建筑的发展变化，一直与中国古代建筑的发展变化关联在一起。

朝鲜半岛上的古代都城、宫殿、佛寺、祠堂、书院、乡校、民居等，很多都和中国古代建筑有相似之处。但同时，这些建筑又融合了自身的地域和民族特色，散发出别样的魅力。

朝鲜半岛的千年古都——庆州城,其规划布局可以说是唐长安城的"缩印版"。7世纪后期,在唐朝军队的帮助下,新罗统一了朝鲜半岛。新罗统治者开始按照唐长安城的格局兴建都城庆州。他们仿照长安城大明宫的位置,在庆州城北建造了正宫,还以宫殿正门为起点向南修建了宽阔的朱雀大道,并在宫门前开设东西向的大道与之正交。以朱雀大道为中轴线,两侧配置着规整的里坊,开设西市、南市。在庆州城的东南角,营建有雁鸭池,其位置和功能也与长安城的曲江池一样。

除了朝鲜半岛,日本的建筑也与中国古代建筑有很深的渊源。早在战国时期,我国东南地区百越族的一支,就曾东渡日本,带去了稻谷种植技术和干栏式建筑。南北朝时期,深受中国南朝影响的百济工匠来到日本建造佛寺,带去了南朝的建筑风格和技术,形成了所谓的"飞鸟样"建筑。

日本奈良法隆寺金堂和五重塔,都属于"飞鸟样"建筑,它们也是世界上现存最古老的木构建筑之一。

到了唐代，日本曾多次派遣遣唐使，直接将盛唐文化"带回"了日本。他们开始模仿长安城的规划，建造了难波京、藤原京、平城京、平安京等都城。整体建筑形制也飞速地从"飞鸟样"过渡到了充分体现"盛唐气象"的"天平样"，由鉴真大师亲自设计的唐招提寺金堂就是其中的典型代表。至此，日本木构建筑体系成熟，也就是人们后来说的"和样"。

宋元时期，中国禅宗东传，又给日本带去了柔美雅丽的宋代建筑风格，形成与"和样"相区别的"唐样"，又称"禅宗样"。同样是这一时期，还催生出有日本特色的枯山水园林。而且，福建一带的工匠又给日本带去了福建特色的建筑风格，被日本称为"天竺样"……由此可见，日本建筑有着中国古代建筑的深深烙印，不同发展进程中的不同"样"，都表现出与中国古代建筑密切的联动。

面对当时先进的中华文化，日本几乎是"全面吸收"。日本建筑不仅在形式和技术上与中国建筑相似，就连建筑背后的文化，比如伦理秩序、审美趣味、营造风俗等，都与中华文化关联相通。大到都城的建设，小到佛寺、园林的设计，都在广泛学习中华文化的基础上，取得了自身的成就。

了解了东边邻居的建筑，我们再来看看南边的。古时候，越南的建筑样式和我国广东、广西等地的建筑相似，以干栏式房屋居多。在东汉后期，我国中原的建筑思想、类型、形制、技术等，伴随着儒学

和佛教的传播大规模输入越南，大大促进了其建筑的发展。从汉代直到北宋初期，其建筑文化是和中国一脉相通的。

遍及东南亚的华侨，把故乡的建筑技术、样式与越南当地的地理、气候条件和文化传统相融合，建造了大批既有中国神韵又极富当地特色的建筑。从现存的古代文献、考古遗址和建筑遗物（比如城池、宫殿、佛寺、文庙、陵墓、装饰等）中，可以清晰地看出中越古代建筑的深厚渊源。

在明代，越南当时的交趾省出过一位技艺精湛的工匠，名叫阮安。单听这个名字你可能觉得陌生，但北京前门你肯定知道吧，"前门楼子"正阳门的城楼和箭楼，就是在阮安的主持下建造的。

1802 年，越南阮朝的国王仿照北京城建设都城，仿照紫禁城建造宫殿，只不过规模要小很多。阮朝的都城——顺化，也像北京城一样分"内城"和"外城"，内城作为王宫，配置有宫殿、太庙、天坛、

地坛等建筑。在总体布局上，也同样是"中轴对称""前朝后寝"，甚至就连名字也直接叫紫禁城、午门、太和殿等。

除了越南的都城顺化，被列入《世界遗产名录》的会安古镇，也同样是中越文化交融的结晶，散发出独特的神韵和魅力。

朝鲜半岛、日本、越南，在地理位置上离中国很近，自然容易受到影响。但你能想象吗？中国古代建筑的魅力，已经漂洋过海、远播欧洲。

只不过在古代有限的交通和传播条件下，人们对遥远的东方所知不多。欧洲人只能通过《马可·波罗游记》等书籍，通过去过中国的传教士的有限描述，或者看着身边来自中国的丝绸、茶叶、瓷器等，对中国这个传说中黄金遍地、礼教井然的国度心驰神往。

近代以来，随着地理大发现和航海技术的普及，欧洲人逐渐对中国有了更多的了解。17世纪后期至18世纪，欧洲许多园林掀起了仿造中国式亭台楼阁的建园风潮，这也是中国古代建筑向西方传播的开端。虽然这些模仿似是而非，但也充分说明了当时的欧洲人对中国古代建筑的向往。

在摄影技术发明之前，欧洲人只能通过文字描述和少量插画来想象中国古代建筑，不过倒由此产生了一些有趣的作品，比如对中国充满好奇的普鲁士腓特烈大帝，曾在波茨坦的无忧宫中亲自设计了他心

目中的"中国风"茶亭，里面有柱廊、斗拱、尖顶，廊下还雕塑着"渔樵耕读"等他想象中的中国人物形象。英国伦敦西南郊的皇家植物园邱园里，耸立着一座"中式宝塔"。这座八角形砖塔，始建于1762年，高约50米，是模仿南京大报恩寺琉璃塔而建造的。它的整体造型充满中国风情，深受英国大众喜爱，很快就成为伦敦郊外的知名景点，甚至还成为当时流行绘画的创作主题。

直到19世纪初，"中国风"对欧洲的影响还时常可见。英国国王乔治四世在海滨城市布莱顿建造了一座皇家别墅，别墅里的宴会厅和各个房间都装饰着中国风景画、人像画、花瓶、折扇、屏风等。

直到今天，各届世界博览会、世界园艺博览会等世界级的博览会中，充满东方意趣的中国馆始终是激起观众们好奇心的地方。许多西方城市也曾采用中国古代建筑和园林的形式，在自家建造起"中式花园"。这启示我们：充满了"太和"智慧、高度符合未来生态文明建设需要的中国传统营造技艺，在今天应该被更努力地介绍给世界，成为"讲好中国故事"的重要内容。

第二部分

为『和』而保护

古建筑是个"基因库"

　　光辉灿烂、生生不息的中华优秀传统文化，不仅仅写在书里、留在记忆中，也深深地镌刻在中国古代建筑上。

　　每一座古建筑，都是当时哲学思想、技术条件、经济水平、社会人文等各种情况的综合产物，都是中华优秀传统文化的物质载体、民族文化面貌的具体呈现，蕴含着中华文明的基因。千百年的风雨沧桑后，留存下来的古建筑、遗址等，已成为中华文明基因库的重要组成部分。

　　国家和社会不断投入巨大的力量，努力保护祖先留下来的古城、古镇、古村、老屋、古井、旧桥等，其目的不仅仅是保存文物，供人们参观游览，更重要的是，要保护好中华文明的这个基因库。

　　建筑或遗址虽然沉默不语，但只要我们用心去解读，就会分析和提取出很多对今天仍然有重大意义的基因信息，比如前文着重阐释的"与天和，与人和，与己和"的"太和"智慧。

　　有人说，看一座城市的建筑，就知道那里的人是什么样的。中国古代建筑从秩序井然的城市布局，到飞檐翘角的建筑形象，再到装饰纹样中曲线的小小转折，无不折射出中国人聪明智慧、谦和敦厚、知礼重情、刚健有为、自强不息、宽容达观、乐天知命的精神面貌，蕴藏着中国人对大自然的深刻领悟、对人情世故的通达理解、对协调天地神人关系的高明技巧，以实物向人们阐释着中华文明突出的连续性、创新性、统一性、包容性、和平性。而这些，都是中华文明数千年不灭的文化基因，默默地隐含在中国古代建筑这个宝贵的基因库里。

　　我们的历史责任就是要保护好这个基因库，并且让优秀的文化基因在当代和未来的现实土壤中，通过创造性转化和创新性发展，长出新的枝叶，绽放新的花朵，结出新的果实，让独树一帜的中华文明，传承至永远。

　　需要注意的是：中华优秀传统文化是在中国的自然和人文土壤中结出丰美果实的。不要只依赖立足于城市、服务于工业时代的标尺去衡量、评价中华优秀传统文化，否则很可能得出错误的结论。对于中国古代建筑，我们也应该跳出"现代科技"的思维，摆脱"当代建筑"

的窠臼，从生态文明的视角，重新认识祖先留下的建筑遗产，我们将会发现它们闪烁着夺目的光彩，其中的"太和"智慧，将是我们当代和未来建设的重要指引。

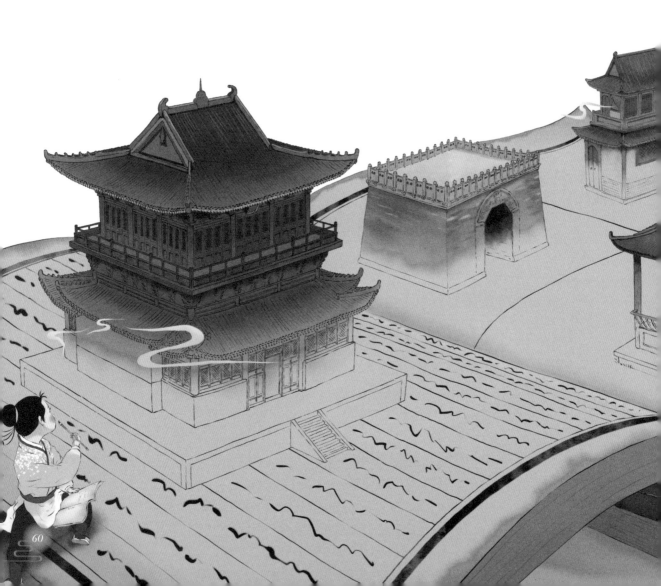

成体系地保护古建筑

　　文化遗产的保护，是随着人类文明的进步逐渐产生、发展、深化的。人们最初只知道要保护瓷器、书画等古董，然后意识到一座座古建筑也值得保护，再发现古建筑所依存的环境也需要保护，再然后又发现整个古城、整片街区、传统村镇也值得保护，后来又认识到建造了这些建筑的技艺、相关的风俗等非物质的遗产也需要保护……包括古建筑在内的文化遗产的保护对象和方法，是随着时代的需要和人们认知的深入而不断调整的，这是为了能更科学、更有效地留存祖先杰出的创造，因为一旦失去，就是永远。

　　我国一直在不断完善文化遗产保护的体系和法规。近年来，已经建立起了由历史文化名城、名镇、名村（传统村落）、街区和不可移动文物、历史建筑、历史地段，与工业遗产、农业文化遗产、灌溉工程遗产、非物质文化遗产、地名文化遗产等构成的保护体系，有效地保护了遗产、传承了文化、发挥了文化遗产的价值。

　　1985 年，中国加入了《保护世界文化和自然遗产公约》。经过多年的努力，中国目前已经成为世界遗产大国、强国，拥有的世界遗产数量在国际上名列前茅（截至 2023 年，共计 57 处）。

　　国家文化公园以鲜明的文化主题，在广阔的区域内把现有的各类、各级文化遗产统合起来进行保护利用，能够发挥出各个遗产更大的整体价值，通过集中打造中华文化重要标志，探索新时代文物和文化资源保护传承利用新路径。2019 年，我国正式开始了长城、大运河、长征、黄河、长江国家文化公园的建设。

古建筑保护的重要原则

　　有段时间人们曾经争论过，为什么不重建圆明园，再现"万园之园"的瑰丽盛况呢？不重建圆明园的原因主要有两点：一方面，出于文物古迹保护的"真实性原则"——圆明园的废墟状态是一种历史的真实，这种真实需要被保护；另一方面，圆明园遗址本身就是爱国主义的重要教材，时刻提醒后人勿忘国耻、热爱和平，重建将损害这一重要价值。在数字技术发达的今天，如果人们想要欣赏圆明园当年的盛景，用虚拟现实技术就能够做到。

　　根据"真实性"这一文物古迹保护首要原则的要求，就不能为了追求古建筑的完整、华丽或为了实现其他目的，而随意改变甚至伪造文物古迹的位置、形态、构成、材料、做法、色彩、质感、文化内涵、相关习俗等。对于已经不存在的建筑也不应重建，除非这种重建有非常重要且积极的作用，而且即使真要重建，也必须有准确的依据，经过认真的论证，并依法申请获批后，才可以在原址重建"消失的建筑"。

　　在"真实性原则"之外，还有"完整性原则"。意思是，不能只保护文物古迹本身，还要保护与其价值关联的、由自然和人文等要素共同构成的整体环境。而且，不仅要保护文物古迹历史信息的完整（比如不能为了恢复古建筑的清代原貌，就随意拆除民国时期加建的部分），更要保护文物古迹历史、文化、艺术、科学、经济、社会等价值的完整。

对于文物建筑，我们需要对其进行严密的监测和维护，如果它没问题就别去动它。就算要动，也只动最必要的部分，并尽可能地将人为干预减少到最低限度，这就是文物建筑保护的"最小干预原则"。

如果文物建筑受到了威胁，或者已经产生了损害，不得不去干预时，也要求采取的各种措施不妨碍再次对原物进行保护处理。这就要求干预措施是可以移除的、能够还原建筑原貌的，比如可拆除的支架、能移走的保护棚等，这就是文物建筑保护的"可逆性原则"。

给文物建筑"治病"而处理或增加的部分，比如替换后的椽子、梁柱，既要和文物建筑相协调，免得太难看，又必须与原物有所区别，避免混淆历史信息，这是"可识别原则"。如果你看到饱经沧桑的梁柱中混杂着一个比较新的构件，可别错怪维修人员没有"做旧"，因为那不符合可识别原则。

既然原则上不允许重建已经消失的古建筑，那么近年来为什么又"重建"了杭州西湖雷峰塔、西安大明宫丹凤门、洛阳明堂天堂等建筑呢？其实，这并不是对已经消失的建筑的重建，而是出于遗址保护、

景观提升、文化振兴等的需要而"新建"的建筑!

事实上,这些新建的"仿古建筑"都严格遵循了上面提到的各种原则。新建的杭州西湖雷峰塔采用的是现代材料和结构,很容易拆卸,是"可逆"的;为了避免观众误解,雷峰塔的柱子、斗拱等构件,用铜而不用木,这就是为了"可识别",时刻提醒人们:这是新建筑,可不是文物哟!被它们保护的遗址,才是真正的文物!

你可以把这些新建筑理解成一种"保护棚",其主要目的是保护下面的真文物——遗址!

文物大致可以分为两类:可移动文物与不可移动文物。前者如字画、工艺品等,后者则是指墓葬、桥梁、房屋、城墙等。原则上讲,不可移动文物只能在原址进行保护,这倒不仅仅是因为它们本来就很难移动,更是因为它们和周边的环境是密不可分的。

甚至,有些文物一旦被移到他处,就会失去原有的价值,比如古代刻在石头上的水文记录。有些文物建筑如果离开特定的环境,则会

损害它们的历史价值、景观价值。所以，我们还要遵守不改变文物原状的原则。

这种原则当然也有例外，在文物建筑面临重大自然灾害，比如难以防治的滑坡、泥石流等时，或者因为国家重大建设工程，比如修建高铁、水库等的需要，将文物建筑迁移到别处保护成为唯一有效的手段时，这些文物才被允许原状迁移、易地保护。

重庆涪陵长江中的白鹤梁题刻，是世界上现存最古老、内容最丰富、具有高度科学和艺术价值的水文题刻。一旦离开原地，上面的历代水文记录将变得毫无意义。由于三峡水库的修建，它将没入水底，所以国家斥巨资修建了水下博物馆，就是为了让人们能够看到位于原址的白鹤梁题刻。而重庆忠县石宝寨，也是国家专门修建了巨大的围堤，将其在原址保护了起来。

但是，同样是为了三峡水库的建设，云阳张飞庙则采取了易地保护的措施。因为张飞庙最独特的价值在于它和江对岸的云阳县城、民俗生活的联系十分密切，既然云阳县城必须搬迁，而庙和城的这种联系又不能割裂，于是人们就事先把张飞庙的一砖一瓦、一梁一柱都编号记录位置，再搬迁到事先选好的和原来的环境基本一致的地方，重新将其组装起来。只有这样做，才能保存并延续云阳居民在张飞庙举办庙会等多种民俗活动的传统习俗。类似的搬迁工程还有因三门峡水

库的修建而搬迁的山西芮城永乐宫。我们今天还能看到完整的永乐宫建筑及其无比珍贵的壁画，不得不赞叹当年细致的搬迁工程与高超的复原水平。

祖先留下来的珍贵遗产，时刻都面临着各种威胁：岁月流逝中的衰败、人为的破坏、不恰当的"保护"、天灾的损害……面对种种情形，再坚实的"身躯"也有可能在某个瞬间轰然倒塌，更何况我们的祖先可能从一开始就没有想过要让木头房子流传万世。

但是对我们而言，幸存下来的每一栋老屋、每一座古桥，都是无比珍贵的遗产。我们应该尽可能地让它们延年益寿，陪伴我们更长的时间。为此，"预防性保护"就变得非常重要，意思是说，我们要预判可能发生的危险，消除潜在的威胁，制订应对突发灾害的抢救方案，严格禁止在文物古迹中开展可能造成重大事故的活动……与其被动抢救，不如主动防御。

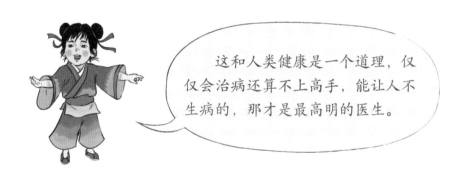

这和人类健康是一个道理，仅仅会治病还算不上高手，能让人不生病的，那才是最高明的医生。

文化遗产不是祖先留下来的苍老过往，恰恰相反，在全面推进生态文明建设的新时代，蕴藏着丰富智慧的中国文化遗产，将在今天的各种建设中发挥更加重要的作用，重新焕发勃勃生机。

守护好中华文脉，先要让文物活起来。尤其是中国古代建筑，本来就和人相偎相依，如果没人用，它们很快就会腐朽、倒塌。但是，很多产生于过去的古建筑已经不再适合当代社会的需要，比如采光、保温性能都较差的传统民居，不再有人祭祀的祠堂，再也没有人供奉的古庙，不再存储粮食的仓房……为此，就必须给这些古老的建筑找到新的用途。

许多传统村落因为交通不便、生活环境较差、村民长期外出务工，导致村落的"空心化"现象越来越普遍。近年来，通过传统村落保护利用行动，积极发挥传统村落人文底蕴深厚、自然环境优美等优势，以引入文化旅游项目、开办民宿等各种方式，使闲置的老屋得到利用，坍塌的民居得到修缮，衰落的民俗活动得以复兴。许多传统村落、民居重新焕发生机。这既保护了文化遗产，又发挥了它们的综合价值，逐步实现了村民生活改善、文化旅游发展、乡村振兴等各方面的共赢。

用中国方法保护古建筑

　　值得我们中国人注意的是，当前国际通用的文物建筑保护原则和方法，主要是以石造建筑为基础发展出来的。在运用到以木结构为主的中国古代建筑上时，自然就有些不适应的地方。这就需要做出适当的调整，形成有中国特色的文物建筑保护理论和方法。

　　中国古代建筑需要经常修补甚至变动，油漆掉了就要重新涂刷，木板墙坏了就要更换，想置换一下用途就会重新装修……也就是说，中国古代建筑始终是在变化之中的。如果非要生硬地套用关于"真实性"的定义，那就不合适了。

　　保护处于变化中的中国古代建筑，不是让它们一成不变，生硬地凝固在历史的某一个时刻，而是要控制和引导这些变化，使之朝好的方向去变化。那么什么是好的变化呢？判断的标准很简单：如果某种变化能让文物建筑的文化价值增加，那么这种变化就是好的，否则就是要制止的。

拿黄鹤楼来举例，历史上的黄鹤楼始建于公元 223 年，后来屡建屡毁，光有记载的就有北宋 1 次、明代 3 次、清代 4 次的重建。古代黄鹤楼最后一次重建是在清代同治七年（1868 年），可仅仅过了 15 年，就被战火焚毁了。我们现在看到的这座黄鹤楼，其实是 1985 年新建的，而且也不是在原来的位置上了。

黄鹤楼的核心价值，在于它是中国人心目中的一座文化地标，这里有崔颢的"昔人已乘黄鹤去"、李白的"故人西辞黄鹤楼"、张颙的"楼前黄鹤不重见，槛外长江空自流"……有形的黄鹤楼能被烧毁，但无形的黄鹤楼永远铭刻在中国人的集体记忆中，并随着时光的流逝，其文化内涵会越来越丰富。至于"江边黄鹤古时楼"到底是不是原来的样子，已经不是最关键的了。

当然，我们还是要尽量维护古建筑原来的样子，因为其中蕴藏着宝贵的文化基因信息，如果轻易改动，很可能就将其抹杀了。毕竟，谁能保证这些改动没有损害文物的价值呢？谁能做出判断呢？如果没有谁能代替所有时期的所有人做出判断，那就必须尽可能地维持文物古迹的原状，这就是文物古迹保护的基本原则。

第三部分

以『和』而永续

老屋难长久，智慧永流传

　　尽管我们尽了一切努力去保护古建筑，希望它们能够陪伴人们更长时间，但是，我们也得清晰地认识到，没有什么物质能扛得过时间的消磨。就算号称万世永存的金字塔，也终有消失在瀚海黄沙的那一天，更何况本身就以木材为主、不追求"与世长存"的中国古代建筑呢？那么，我们该怎么保护古建筑？保护古建筑的什么呢？

　　古建筑的物质部分，无论得到多好的养护，也终将消失在光阴里。但是它们蕴藏的智慧、体现的精神、营造的技艺等，却不会受到时空的局限。房子可以尘归尘、土归土，从自然中来、回自然中去，但是

没人居住的老屋，很快就会自然衰败，消失在斜阳衰草之中……

只要我们在新的建设中秉承和发扬中国古代建筑的智慧、精神、方法、技艺，就能持续不断地建设有中国特色、中国风格、中国气派的建筑，无论过了多少年，我们的子孙仍然可以对他们的子孙自豪地说："孩子们，看哪，这就是我们中国人的家园！"

中国传统营造技艺基本上是靠师徒口口相传的。古代的工匠们大多既没有著书立说的习惯，也缺乏写作的能力，专门的建筑著作本身就不多，在漫长的岁月中又失传了不少（比如北宋喻皓的《木经》只留下了书名）。迄今还能看到的关于建筑的古籍，寥寥无几，著名的有宋代的《营造法式》、明代的《园冶》《鲁班经》、清代的《工程做法则例》《营造法原》等。

今天的我们想要了解中国传统营造技艺，要么在古建筑中搜寻、发现，要么就是向仍然在世的传统工匠学习。

近年来，我国开始逐步建设传统营造技艺保护名录。截至 2023 年，列入《国家级非物质文化遗产代表性项目名录》的传统营造技艺包括：香山帮传统建筑营造技艺、客家土楼营造技艺、侗族木构建筑营造技艺、苗寨吊脚楼营造技艺、木拱桥传统营造技艺、石桥营造技艺、婺州传统民居营造技艺、徽派传统民居营造技艺、闽南传统民居营造技艺、窑洞营造技艺、蒙古包营造技艺、黎族船型屋营造技艺、藏族碉楼营造技艺、北京四合院传统营造技艺、雁门民居营造技艺、土家族吊脚楼营造技艺、维吾尔族民居建筑技艺、古戏台营造技艺、水碓营造技艺、潮汕古建筑营造技艺、关中传统民居营造技艺等。

　　随着调查、研究工作的进一步深化，这个保护名录还会继续扩大，让更多的中国传统营造技艺得到重视。

守旧保不住过去，忘本赢不了未来

　　我们在为古建筑取得的伟大成就而自豪的同时，也应该认识到，古建筑毕竟是祖先在当时的文化土壤和技术条件下取得的成果。而今天的社会条件已经发生了飞跃性的变化，满足了过去时代需求的古建筑，在有些方面已很难适应今天的需要。我们今天的建设，绝不能因循守旧，在新的建设中盲目、机械地复古、仿古、模仿、抄袭一些古建筑的皮毛，否则，可就真是"一代不如一代"了！

　　在近几十年内，大量的传统民居被闲置，甚至废弃，很多人更愿意建新房居住，因为传统民居的房间布局、卫生条件、采光通风、保温防寒、隔音等，已经很难满足当代人的居住需要了。在这种情况下，还要坚持这个不能动、那里不能改的守旧的"保护"，在现实中是行不通的。

　　瑰丽的中国古代建筑，在历史上贡献了无数杰出的城市、村镇、宫殿、坛庙、民居、园林……但遗憾的是，在当代建设中，追求"与天和，与人和，与己和"的中国传统营造智慧，却被有意无意地忽略了。

在迅猛的现代化进程中，有些地方的建筑一度迷失了文化方向，一会儿学这个，一会儿模仿那个，无所适从。有些建筑要么毫无地区和民族特色，造成千城一面、千村一面；还有的建筑机械地模仿古建筑的皮毛，而对深层的智慧毫不在意……既没有达成新时代中国建筑应有的深度和高度，也没有像祖先那样，为世界建筑文化做出应有的贡献。好在这种情况已经引起了大家的高度重视，并持续不断地得到改善，涌现出大批传承并发展了中国传统营造技艺的杰作。

作为历史源远流长、文化博大精深的民族，我们绝不能置中华优秀传统文化而不顾，盲目"山寨"外来的东西，否则岂不是端着金饭碗四处讨饭吗？我们应该光前裕后——在保护和传承中国传统营造技艺的基础上，不断地结合时代的实际和需要，可持续地将"太和"智慧发扬光大，实现中国传统营造技艺的现代化，为子孙后代留下我们亲手创造的遗产。

用未来的眼光看待古建筑

要发挥好古建筑这个基因库的作用，就得读懂并绘制出它的基因图谱。从现代建筑学的观点来看，中国古代建筑并不"科学"：如果要往外挑檐，用一根悬挑梁就可以了，为什么要做像斗拱那样复杂的结构呢？斗拱的制作和安装并不简单，还要增加大量的人工成本……这就是典型的以现代科技思维来误读中国古代建筑的例子，硬生生地把技术、材料、功能、艺术、人文、情感融于一体的杰出作品，看成了"不科学""不合理"甚至"不文明"的东西。

中华文化的价值体系、思维方式与世界上其他文明有本质区别，这也正是中华文化具有世界意义的价值所在。需要注意的是，在很长一段时期里、在全世界范围内，现代化建设的目标、内容、路径、方法等，都是亦步亦趋地紧跟着"先进技术"走的。可是，为了这种现代化，整个地球付出了什么呢？工业革命以来，人类对自然界的破坏有目共睹，而未来技术究竟将把人类带向何方呢？我们应该认识到，在应对人类未来的问题方面，"外来的现代化"绝不是唯一的途径。所以，今天的中国人开始踏上了积极探索中国式现代化的征程。

为人类未来做出中国贡献

中华优秀传统文化不但是中华民族的，也是全人类的宝贵财富。

当下，人类社会又来到一个转折点。近几百年来，人们对环境的破坏、对资源的掠夺，使得自然资源逐渐枯竭，生态环境日益恶化，科学技术逐渐失去了人文内核，很多地方冲突不断……这一切，都是人类社会正在面临的现实威胁。在经历了原始社会、农业社会、工业社会之后，推进生态文明建设，已成为人类解决所面临的各种危机、实现可持续发展的必然选择。中华文明因为在核心价值、生产形态、生活方式等方面与生态文明相适应，很可能让中国发展出一个和其他文明不一样、但是很成功的文明，为人类的未来提供一种道路。在这个过程中，中国智慧必将也必定会发挥出应有的作用。

所以，今天的中国在世界上积极倡导构建"人与自然生命共同体""人类命运共同体"，希望人类能够一起保护赖以生存的环境，促进人类社会的和谐共处，这样才有可持续发展的希望。本来就坐拥丰厚文化遗产的中国人，不要做文化的追赶者，而要做文化的引领者。

时代赋予我们的历史责任，就是去保护、传承并弘扬中华优秀传统文化，让国家和民族的伟大复兴凸显更宏伟、更长远的意义——为人类社会的可持续发展做出贡献。

地球，这颗高悬在太空中的美丽蓝色星球，是人类及所有生物共同的且目前是唯一的家园。高速发展的交通、信息等技术，让世界各地在气候、经济、健康等各方面都紧密联系，成为一个命运休戚相关的地球村。在瘟疫、气候变化、战乱甚至更大灾难的威胁面前，没有谁能够独善其身。人类的科学技术尽管已经有了极大的进步，但是我们仍不能自大地挑战自然，更何况人类社会内部本就矛盾重重、冲突不断。

我们必须团结起来，共谋人与自然之间、不同文明之间的和谐相处，同心协力，才有希望迎接越来越多的挑战。

　　中华优秀传统文化中以和为贵的思想和态度，数千年来一直维系着从小小的家庭到家族、村落、城镇、国家的和谐。中国作为全球生态文明建设的重要参与者、贡献者、引领者，已经正式向全世界宣布力争在 2030 年前实现碳达峰、2060 年前实现碳中和。这是基于实现人类社会的可持续发展而做出的重大战略决策，也是中华民族为人类命运而肩负的勇敢坚定的担当。

　　为了实现这些目标，需要付出巨大的努力。就建设领域而言，必须大力发展绿色生态建筑，在保证人们安居乐业的前提下，逐步减少资源的消耗。我们要认真而仔细、深入而系统地挖掘中国传统营造技艺中"太和"的智慧和技巧，并积极地将其运用到当代建设中。

　　在这样波澜壮阔的历史进程中，你我虽然只是微渺的个体，但也有责任做出自己的努力！加油吧，朋友们！